新雅小百科

交通工具

新雅文化事業有限公司
www.sunya.com.hk

《新雅小百科系列》

　　本系列精選孩子生活中常見事物，例如：動物、地球、交通工具、社區設施等等，以圖鑑方式呈現，滿足孩子的好奇心。每冊收錄約50個不同類別的主題，以簡潔的文字解說，配以活潑生動的照片，把地球上千奇百趣的事物活現眼前！藉此啟發孩子增加認知、幫助他們理解世上各種事物的運作，培養學習各種知識的興趣。快來跟孩子一起翻開本小百科系列，帶領孩子走進知識的大門吧！

① 先認識交通工具的類別

③ 通過真實照片，吸引孩子多觀察各種交通工具，提高孩子的觀察力。

海上交通工具　　　　　　　　粵　普

郵輪
Cruise Ship

　　郵輪是一種大輪船，既是交通工具，亦提供住宿與餐飲服務。旅客乘搭郵輪前往旅遊，除了可到目的地觀光，還可以在船上住宿，並享用各式各樣的設施，是其中一種受歡迎的旅行模式。由於郵輪的速度不及飛機，一般都要花上幾天時間才可到達目的地，因此享用船上設施亦是旅程的一部分。

　　郵輪一般都十分龐大，設施通常有餐廳、游泳池、滑水道、健身室、電影院、劇場等等。到達目的地後，旅客可選擇落船觀光，晚上再回到船上休息，可說是較悠閒的旅遊方式。

分類	海上交通工具
小知識	從前遠洋大輪船主要是作運輸郵件及貨物，因此名為「郵輪」。但航空運輸現已普及，而且船運較慢，因此大輪船已很少用作運貨，反以旅遊觀光為主，所以又有人稱之為「遊輪」。

80　　　　　　　　　　　　　　　　　　　　81

② 認識交通工具的不同用途及其設計功能。

④ 此欄目提供一些額外的趣味知識，吸引孩子的學習興趣。

使用新雅點讀筆，讓學習變得更有趣！

本系列屬「新雅點讀樂園」產品之一，備有點讀功能，孩子如使用新雅點讀筆，也可以自己隨時隨地聆聽粵語和普通話的發音，提升認知能力！

> 語言圖示
>
> 粵 普
>
> 粵語 普通話

啟動點讀筆後，請點選封面 新雅‧點讀樂園，然後點選書本上的文字或照片，點讀筆便會播放相應的內容。如想切換播放的語言，請點選 粵 普 圖示。當再次點選內頁時，點讀筆便會使用所選的語言播放點選的內容。

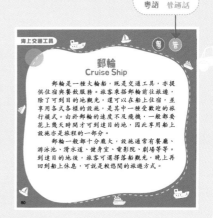

如何下載本系列的點讀筆檔案

1 瀏覽新雅網頁(www.sunya.com.hk) 或掃描右邊的QR code 進入 新雅‧點讀樂園 。

2 點選 下載點讀筆檔案 ▶ 。

3 依照下載區的步驟說明，點選及下載《新雅小百科系列》的點讀筆檔案至電腦，並複製至新雅點讀筆裏的「BOOKS」資料夾內。

目錄

🚗 陸上交通工具

🚗 巴士 ⋯⋯ 8	🚗 電單車 ⋯⋯ 26	🚗 輕型貨車 ⋯⋯ 44	🚗 挖土機 ⋯⋯ 62
🚗 的士 ⋯⋯ 10	🚗 單車 ⋯⋯ 28	🚗 貨櫃車 ⋯⋯ 46	🚗 叉式起重車 ⋯⋯ 64
🚗 公共小巴 12	🚗 汽車 ⋯⋯ 30	🚗 運油車 ⋯⋯ 48	🚗 起重機 ⋯⋯ 66
🚗 電車 ⋯⋯ 14	🚗 開篷車 ⋯⋯ 32	🚗 警車 ⋯⋯ 50	🚗 推土機 ⋯⋯ 68
🚗 火車 ⋯⋯ 16	🚗 跑車 ⋯⋯ 34	🚗 消防車 ⋯⋯ 52	🚗 拖吊車 ⋯⋯ 70
🚗 地鐵 ⋯⋯ 18	🚗 高爾夫球車 36	🚗 救護車 ⋯⋯ 54	🚗 壓路機 ⋯⋯ 72
🚗 輕鐵 ⋯⋯ 20	🚗 雪糕車 ⋯⋯ 38	🚗 郵政車 ⋯⋯ 56	🚗 混凝土攪拌車 74
🚗 纜車 ⋯⋯ 22	🚗 露營車 ⋯⋯ 40	🚗 垃圾車 ⋯⋯ 58	🚗 傾倒車 ⋯⋯ 76
🚗 旅遊巴 ⋯⋯ 24	🚗 越野車 ⋯⋯ 42	🚗 掃街車 ⋯⋯ 60	

🚢 海上交通工具

🚢 郵輪 ┈┈┈ 80	🚢 漁船 ┈┈┈ 98
🚢 帆船 ┈┈┈ 82	🚢 潛水艇 ┈┈┈ 100
🚢 快艇 ┈┈┈ 84	
🚢 渡輪 ┈┈┈ 86	
🚢 獨木舟 ┈┈┈ 88	
🚢 風帆 ┈┈┈ 90	
🚢 氣墊船 ┈┈┈ 92	
🚢 遊艇 ┈┈┈ 94	
🚢 貨輪 ┈┈┈ 96	

✈ 空中交通工具

✈ 直升機 ┈┈┈ 104
✈ 飛機 ┈┈┈ 106
✈ 熱氣球 ┈┈┈ 108
✈ 滑翔傘 ┈┈┈ 110

陸上交通工具
Land Transport

在陸地上行走的交通工具，可不只有巴士、的士、火車這些接載乘客的車輛呢！警車、消防車、救護車等工作車輛，每天穿梭大街小巷幫助有需要的人，沒有它們，社會就會亂成一團啊！還有各式各樣的工程車輛，如挖土機、推土機、壓路機等，這些體形龐大的車輛，默默地在工地上工作，為建屋修路出一分力，都是人類不可或缺的好幫手！

巴士
Bus

　　巴士是香港主要的公共交通工具之一。乘客要前往巴士站候車，在站牌可查看路線、班次、服務時間及收費。

　　上車時用現金或電子貨幣繳付車費。除導盲犬外，動物一律禁止登車啊！乘車時注意報站系統顯示屏，下車前先按「下車按鈕」，這樣顯示燈便會亮起，提醒司機停站供乘客下車。

　　在香港，大部分行走的都是雙層巴士。乘客眾多，大家要遵守規則，不要佔用供傷殘人士使用的輪椅停放處，禁止站在上層及樓梯，亦要時刻緊握扶手，並注意上落安全。

Michaelshawn/shutterstock.com

分類	陸上交通工具－公共汽車	
小知識	現時香港共有四間公司提供專營巴士服務，穿梭港九新界以至大嶼山，包括：九龍巴士（一九三三）有限公司、龍運巴士有限公司、城巴有限公司及新大嶼山巴士（一九七三）有限公司。	

的士
Taxi

　　亦稱計程車，「的士」一詞是按英語 "Taxi" 的發音翻譯而來的。乘客可在的士站候車，亦可在路邊伸手截車，只要是合法停車的位置，司機就會讓乘客上車。

　　上車後，只要告知目的地，司機就會直接駕駛前往。出發時，司機會按下「咪錶」，開始計算車資，行駛一段距離後就會增加一點，即使是停車等候時亦會計算車資的！

　　除了計算行駛距離，攜帶行李和動物亦會額外收取費用。車費主要以現金支付，但部分的士亦可以八達通或電子貨幣付費。

分類	陸上交通工具－公共汽車	
小知識	香港的士共有三類，各有不同的經營範圍。市區紅色的士可在香港任何地方行駛（東涌道及南大嶼山的道路除外），綠色的士主要在新界行駛，而藍色的士則只限於大嶼山行駛。	

公共小巴
Minibus

　　公共小巴是一種小型巴士，又稱小巴，提供 16 至 19 個座位。在香港，小巴分為綠色專線小巴和紅色小巴兩種，作為接駁巴士和鐵路的工具。

　　綠色專線小巴行走固定的路線，提供固定的服務時間和班次。現時綠色專線小巴有超過三百條主路線，以新界區佔最多，大部分路線均設有固定車站。而紅色小巴的服務路線、班次及收費則不固定，可以行駛香港各區（紅色小巴禁區除外）。根據法例規定，小巴必須裝置車速限制器，並設有高靠背的座椅及安全帶。在設有安全帶的小巴上，乘客必須佩戴安全帶。

分類	陸上交通工具－公共汽車 
小知識	上車時，乘客須先現金或八達通繳付車資。乘客可於固定車站下車，或於非禁區地點下車。下車前須高聲呼叫下車地點或按鐘通知司機，司機會揮手作實。

電車
Tram

　　電車行駛在路面軌道上，從高架電線取得電力行走。不同於火車，電車的路軌陷入地面，所以可鋪設於一般馬路上，與其他汽車共用道路。

　　香港電車於香港島行駛，途經筲箕灣至堅尼地城，以及跑馬地一帶。乘客在電車站候車，電車到站後於後門上車。下車前，要在司機旁的位置繳付車費，可以現金、八達通或月票付款，然後便可以在前門下車。作為現時世界上唯一全部以雙層車廂行駛的電車系統，加上從1904年已投入服務，歷史悠久，很多旅客來到香港觀光都喜歡體驗一下！

Kapi Ng/shutterstock.com

分類	陸上交通工具－公共汽車	
小知識	在進站或提醒擋路行人時，電車司機會按響警鈴，發出「叮叮」的聲音，所以香港電車又被稱為「叮叮」。	

火車
Train

　　火車是指在鐵路軌道上行駛的公共運輸系統，通常由多節車廂組成，運載乘客或貨物。除了一般的電氣化火車，單軌鐵路、高速鐵路、磁浮列車亦是火車的一種。在香港，火車於上世紀 1910 年代開始運行，連接了新界和九龍市區的交通。現今的公共鐵路系統，由香港鐵路有限公司營運；而昔日的火車路線，現由東鐵線列車行走。

　　東鐵線列車的車廂分為普通等及頭等兩種。搭乘普通等的乘客，在車站以車票、八達通或電子貨幣入閘後便可直接上車。而打算乘坐頭等車廂的乘客，就要先購買頭等車票，或於月台上用頭等核准機確認八達通，支付額外的費用，否則便會被罰款。

Kapi Ng/shutterstock.com

分類	陸上交通工具－公共汽車
小知識	從前，香港的火車是蒸汽或柴油機車，透過燃燒化石燃料來產生推動力。後來，直至 1983 年才推行全線電氣化。現時東鐵線已覆蓋香港島、九龍及新界，從香港島金鐘直達新界羅湖及落馬洲，行車時間約 44 分鐘。

地鐵
Mass Transit Railway (MTR)

　　地鐵是指於地底下挖出隧道、鋪設路軌而行走的鐵路系統。地鐵通常建在繁華的城市內，以解決路面擁擠的問題；而且在地底下不會受行人及其他車輛的干擾，所以可節省大量交通時間。香港的地下鐵路由香港鐵路有限公司營運，簡稱港鐵。港鐵共有九條鐵路線、一個輕鐵網絡及一條高速鐵路機場快線。

　　乘客使用車票、八達通或電子貨幣入閘後，便可到月台乘車。雖然已加裝月台幕門，但候車時仍要站在黃線後，以保障安全。乘客在途中可自由換乘不同路線，車廂內亦會廣播，提示下一停車站或轉乘資訊。到達目的地時，再插入車票、拍八達通或電子貨幣出閘便可離開。

分類	陸上交通工具－公共汽車 
小知識	在香港的地下鐵路線路中，歷史最悠久的是觀塘線，早於1979年已通車；其次為荃灣線及港島線，分別於1982年及1986年通車。

輕鐵
Light Rail

　　輕鐵是鐵路運輸的一種，行走在專用道路上，車廂較小，可載的乘客亦較少。在香港，輕鐵行駛於屯門、元朗及天水圍。

　　乘客到達輕鐵站後，先要在售票機購買車票，或用八達通拍橙色的入閘機。輕鐵的車費是按區來計算的，共分為六個收費區，跨越的區域越多，收費便越高。輕鐵分為多條路線，乘客可在月台上的路線圖查看，了解乘搭哪一線路才可到達目的地。到站後，用八達通的乘客要拍綠色的出閘機，而持車票的乘客則可直接離開。

分類	陸上交通工具－公共汽車 
小知識	輕鐵站並沒有設閘機，所以乘客即使沒有拍八達通確認，或購買車票，也是有機會登上列車的，這全靠乘客自律啊！但不定期會有客運助理登上輕鐵查票，如發現乘客未持有有效車票，或已確認的八達通，就會罰款呢！

21

纜車
Peak Tram

　　纜車可運送乘客登上陡峭的山坡，依靠車站內的動力裝置，拖拉縛上纜索的電車車廂。

　　香港有來往中環和太平山頂的山頂纜車。雖設六個車站，但大部分乘客都是來往兩個總站，所以多在總站買好往返車票，或以八達通入閘乘車。而在中途站上車的乘客則在上車時付款，但只接受八達通或月票。列車不會主動停靠中途站，乘客如要上落中途站，需按動車內的下車鐘，或車站上的召車機。纜車的車廂採用無梯級設計，並設有輪椅固定裝置，方便不同需要的乘客乘搭。

分類	陸上交通工具－公共汽車	

小知識	香港山頂纜車自 1888 年起運作至今，是亞洲第一條纜索鐵路。歷史悠久，加上沿途風景優美，而且登上山頂後可俯瞰維多利亞港的景色，所以許多遊客訪港時都會乘搭體驗。

旅遊巴
Coach

　　旅遊巴是一種集體運輸工具，一般提供 24 座至 66 座位不等，可出租給團體包車出遊，亦可行走固定路線，並向乘客收取車費。

　　租用旅遊巴的團體，有的是為了旅遊觀光接送，有的是為了接載員工穿梭、學童接送等。旅遊巴公司會按租用車輛的大小、行程距離、中途停站數目、是否會行經隧道等設定收費。

　　在香港，旅遊巴還常用作行走居民服務路線，俗稱「村巴」，來往大型住宅區及市區，大部分只在上、下班繁忙時間提供服務，以彌補一般公共交通工具的不足。

分類	陸上交通工具－商用車輛	
小知識	現時香港法例並沒有規定旅遊巴乘客必須佩戴安全帶，但過往曾多次發生乘客被拋出車外的嚴重車禍，所以為了安全起見，若座位有裝上安全帶，都建議要佩戴啊！	

電單車
Motorcycle

　　電單車是兩輪引擎汽車，依據駕駛者重心來轉向，並要保持平衡才能控制車輛。所以，駕駛電單車時要避免急劇刹車、猛烈加速，及突然改變行駛方向。不論是白天還是晚上，都要時刻亮着車上所有前燈、大燈和後燈，這樣其他車輛的司機和行人得以察覺到有電單車駛近。駕駛者亦不應戴上耳機，以便隨時注意路面狀況。

　　在香港，電單車不可駛上行人路及公眾空地上；氣缸容量低於 125 毫升，或以電動馬達驅動、額定功率低於 3 千瓦的電單車，更不可駛上快速公路，以保障安全。

分類	陸上交通工具－私家或商用車輛 
小知識	一般認知電單車都是兩輪的，但其實還有三輪、倒三輪，以至單輪或四輪以上的電單車。部分還可以加上外掛的輔助輪，例如供殘障者使用的特殊電單車。

粵 普

單車
Bicycle

　　單車的兩個輪子大小相同，人們踩下單車腳踏時，通過鏈條帶動車上的大小齒輪轉動，從而讓車輪運轉。騎單車時，應佩戴頭盔，注意雙腳應能接觸地面來讓單車停下，還要注意路面安全。

　　騎單車除了是消閒運動，單車也是交通工具的一種，所以駕駛者亦應遵守道路規則，包括交通燈號、道路標誌等，以保障安全。單車應盡量走在單車徑上，在馬路上則不可逆線行駛。而在行人路上，只可推動單車。在晚上或能見度低時騎單車，車頭應亮起白燈、車尾則亮紅燈，以便行人和其他車輛察覺。

分類	陸上交通工具－休閒車	
小知識	除了單車徑，單車練習場亦是享受騎單車樂趣的好地方。這些場地一般都設有廁所、飲水機及救傷站，設施完善。在大嶼山梅窩更有越野單車練習場，設有獨木橋、碎石坡道、跳台等設施，讓車手可以安全地練習。	

汽車
Car

　　汽車是重要的日常交通工具，輔助人們出行，以及運送貨物。早期的汽車沒有車頂、車門或擋風玻璃阻隔天氣的影響，讓乘客不舒適。後來，隨着人們的生活需要，發展出各種各樣的車型，包括提供 2 至 7 座位不等。大部分汽車以汽油和柴油運行，隨着科技發展，現已研發出以混合動力和電驅動，以減少環境污染。

　　在汽車上，司機和乘客都要佩戴安全帶。駕駛者要時刻注意路面，不要超速，並遵守交通燈號。平日要定期檢查汽車，確保安全氣袋、輪胎及零件都正常運作。

分類	陸上交通工具－私家或商用車輛 
小知識	隨着科技發展，人們致力研發自動駕駛汽車，即不需要人類操作駕駛的車輛。

開篷車
Convertible

　　開篷車的車頂是摺疊起來的，可以讓駕駛者自行打開或關上。天氣好時，人們可以打開車頂享受陽光與涼風，是不少駕駛愛好者的心頭好。要注意應避免在高速行駛時開合頂篷，因為頂篷有機會被吹反。為減少這個問題發生，現時大部分開篷車都設有自動感應，只有在安全車速內才可開合頂篷。但缺少車頂的保護，萬一車輛翻側，車內乘客會面對更大危害；所以現時部分開篷車在車廂後方會加裝隱藏的支架，若汽車傾側到一定角度就會自動升起，加強保護力。

分類	陸上交通工具－私家或商用車輛 
小知識	缺少車頂保護，一般人都會認為駕駛開篷車比一般汽車危險。但美國曾有研究顯示，開篷車的意外致命率相對較低！研究人員估計，這應與開篷車車身部分結構強化，以及開篷車駕駛者多選擇在天氣良好的情況下出遊有關。

跑車
Sports Car

　　跑車原本是指在賽車運動中所用的高性能汽車，現時則泛指性能卓越的汽車。由於跑車往往是汽車品牌中最出色的作品，所以有人會以跑車來評估車廠的技術研發水平。

　　跑車的極高車速與操作靈敏，除了建基於強勁的引擎，還有賴降低風阻的車身設計，及採用較輕的物料。要測試跑車的性能，現時其中一個方法是根據位於德國紐柏林賽道的圈速成績。超級跑車的標準是圈速在 8 分鐘以內，現時超級跑車的最快車速超過每小時 300 公里，由零至時速 100 公里的加速時間少於 4 秒。

分類	陸上交通工具－私家或商用車輛

小知識	現時較著名的跑車品牌，有德國的保時捷、美國的福特、英國的麥拉倫與蓮花、意大利的法拉利和林寶堅尼等。

高爾夫球車
Golf Cart

　　這是一種在高爾夫球場上常見的小型交通工具，只能接載少量乘客。高爾夫球車以蓄電池發電驅動，時速一般不會超過 50 公里。與一般汽車相比，高爾夫球車噪音較低，不會排放廢氣，相對較環保。高爾夫球車一般只有前進後退、轉彎等幾個按鈕，容易操作，但部分國家亦要求駕駛者擁有汽車駕駛執照，以保障安全。除了用在高爾夫球場上，這種小型交通工具亦可見於機場、展覽館、大學校園、渡假村等，甚至是一些講求環保的綠色社區，亦會以高爾夫球車代步。

分類	陸上交通工具－商用車輛 
小知識	在香港，高爾夫球車屬於「鄉村車輛」，須得到運輸署署長發出的許可證才可走在路上。對於可以行駛的道路、時間、存放地點等都有一定要求，而且駕駛者亦必須遵守所有交通法規，猶如在駕駛一般汽車一樣啊！

粵 普

雪糕車
Ice Cream Van

　　白色的車身、藍色車頂配上紅色車頭，並且聽到那耳熟能詳的古典音樂《藍色多瑙河》，便知道大受歡迎的雪糕車要來了！雪糕車源自美國軟雪糕公司，於上世紀七十年代起授權引進到香港。雪糕車由貨車改裝而成，設有雪糕機和冰箱，售賣軟雪糕、果仁甜筒、雪糕杯和橙汁冰。

　　雪糕車通常停泊在人流較多的地方，例如尖沙嘴天星碼頭、灣仔金紫荊廣場、赤柱赤柱大街、西貢公共碼頭等。每當雪糕車駛到目的地後，就會播放音樂，吸引顧客前來光顧。

分類	陸上交通工具－商用車輛	
小知識	由於每輛雪糕車只設有一部雪糕機，所以只有賣一種口味，通常是牛奶味，但農曆新年期間也曾有賣草莓口味的雪糕呢！	

露營車
Camper Van

　　露營車內設有廚房、客廳、廁所、睡房等，駕駛露營車到戶外露營時，可解決煮食、如廁、住宿等需求。露營車內都有電力，供冰箱、電磁爐等使用。電力的來源，有些是依靠車輛本身的引擎供電，有些是利用車頂的太陽能發電板，有些則有充電插座，可在營地充電。

　　在外國，只要把露營車直接駛至指定的露營場地停泊，便可享受露營樂趣，減省搭建帳篷的時間。但在香港，現時擺放在某些地方出租的露營車，並未領有車輛牌照，所以並不可以在道路上行駛的！

分類	陸上交通工具－私家或商用車輛
小知識	據香港法例規定，現時停放在固定地點出租的露營車，必須為單層，而且禁止在車上生火和煮食。

41

粵 普

越野車
Off-road Vehicle

　　野外地方因滿布沙石而崎嶇不平，越野車就是專門設計為行駛在這些地方的車輛。

　　越野車最大的特點是四輪驅動，即是引擎會同時推動車上四個車輪。相比一般汽車的引擎只會推動兩個車輪，走在摩擦力較低的泥濘路面或雪地上時，越野車較不容易被卡住。越野車同時配備抓地能力較高的輪胎，亦是為了靈活走在各種地形上。越野車另一特點是底盤較高，這樣駕駛者的視線看得較高較遠；而採用堅固的材料製作車身，以及粗大結實的保險槓，亦方便越野車到各處冒險。

分類	陸上交通工具－私家或商用車輛 
小知識	越野車除了用於登山，也發展成了一項競速比賽項目，例如世界場地越野車錦標賽。賽道設有沙石路或混合路面，亦有跳台。比賽的越野車經常碰撞搶位，節奏明快，大約三至四分鐘完成一輪比賽。

輕型貨車
Light Truck

　　輕型貨車是一種客貨車，車輛總重量不超過 5.5 公噸，乘客座位數目最多為五個。與一般私家車相比，輕型貨車的車身較長、較高；車內空間寬闊，後座空間佔一半或以上，兩邊尾窗是密封式的。而且部分座位是可摺疊的，以便騰出更多空間裝載貨物。

　　雖然香港法例容許乘客帶着貨物乘坐輕型貨車，但我們並不應該把輕型貨車當作公共交通工具。輕型貨車的角色是提供載貨服務，如司機單純接載乘客並收取報酬，就屬違法。

分類	陸上交通工具－私家或商用車輛 
小知識	在香港，持有私家車駕駛執照，只可駕駛私家車；但考得輕型貨車駕駛執照的人仕，則可駕駛私家車及輕型貨車。

貨櫃車
Cargo Truck

　　貨櫃車是一種專為運載大量貨物而設的運輸車輛。有些大貨車上的貨櫃是可拆卸的。車身包括車頭、拖架和貨櫃。車頭拖行着載上貨櫃的拖架,可一次過把大量貨物運送到目的地。

　　貨櫃一般會由貨櫃船載送至世界各地,經水路運輸比空運廉價。貨主把貨物都放入貨櫃後,貨櫃車就可以把貨櫃運往貨櫃碼頭,送上貨櫃船,開始運送貨物。同樣地,當載滿貨物的貨櫃由貨櫃船送達貨櫃碼頭後,貨櫃車便可以拖拉貨櫃,循陸路把貨物送到目的地。

分類	陸上交通工具－商用車輛 
小知識	如貨物從車上跌出，在安全情況下，司機應停好車輛並撿拾起貨物；但若是發生在高速公路、隧道區及管制區，司機則不應自己撿回貨物，並即時通知警察或管制中心尋求協助。

運油車
Oil Tanker

　　大部分汽車必須有燃油才能走動，司機駕車到油站入油，而油站內的燃油，就是由運油車從油庫運來的。運油車有個圓柱形的筒，盛載着汽油或柴油，容量都很大，能運送約 2 萬公升汽油。

　　在香港，由於運油車運載的是易燃品，所以不能進入任何一條行車隧道。但香港的油庫主要集中在青衣，所以運油車如要運油到香港島，就要由汽車渡輪載着運油車橫渡海港。油公司還會為每輛運油車規劃好路線，一般都會走較寬敞及人流少的道路，盡量避免發生意外。

Vytautas Kielaitis/shutterstock.com

分類	陸上交通工具－商用車輛	
小知識	香港法例規定，運油車必須在車頭、兩側和車尾，以中、英雙語告示標明車上所載的危險品類型，以作警告其他道路使用者，切勿駛近，以避免發生爆炸危險。	

警車
Police Car

　　警車是警察執勤時所用的交通工具，除了日常巡邏，亦可在發生事情時運送警員到場，或押運罪犯等。

　　警車的車頂一般都安裝了警示燈、蜂鳴器及方向燈，當警車前往執行任務時，就會啟動警示燈和蜂鳴器，請其他司機和行人讓路。車內則設置了無線電、擴音器、槍架等。香港警車基本上都以白色作底色，加上紅、藍反光條帶，這樣即使在晚間亦容易被察覺。此外，還有私家車外型的巡邏警車、衝鋒車、運員車、警察電單車、水炮車等，都是警車的一種。

分類	陸上交通工具－公共服務車輛 
小知識	有一種警車的外表，與一般車輛無分別，這被稱為「隱形戰車」，是專門執行特別任務的，例如捉拿超速的車輛，或保護重要人員等。

粵 普

消防車
Fire Engine

　　消防車是用作滅火或拯救受困、受傷民眾的救災車輛。消防車大部分車身都是紅色的，平常停泊在消防局內，遇上火警或災難時由消防員駛往現場。

　　常見的消防車有幾種類別，例如：搶救車，可乘載多名消防員，車上配備了滅火的工具和設備，方便消防員到場後可盡快開始滅火；泵車，可從內置水缸、街井或任何開放水源輸水，為消防員提供水源滅火；而旋轉台鋼梯車和油壓升降台，都是負責執行高空的滅火和救援行動，旋轉台鋼梯車更備有吊重設備及輕型救生籠。

Issac85/shutterstock.com

分類	陸上交通工具－公共服務車輛 
小知識	當消防處收到火警警報後，一般會派出一輛泵車、一輛旋轉台鋼梯車、一輛油壓升降台、一輛小搶救車及一輛救護車前往現場救援，俗稱「四紅一白」。

救護車
Ambulance

　　救護車除了接載病人前往醫院，有時也會把已住院的病人轉送到另一所醫院。救護車配備輔助醫療設施，包括擔架牀、輪椅、呼吸輔助器、氧氣筒、血壓計、藥物等，以便進行急救。救護車車頂有警示燈和蜂鳴器，提示民眾讓路。

　　救急服務爭分奪秒，當交通擠塞、路面狹窄而令救護車未能趕達現場時，救護員亦可乘急救醫療電單車先到場為病人提供協助。以往香港的救護車都是以白色為主調，配上紅色線條，但現時已逐漸改為塗上黃色，因為這樣更容易被看見呢！

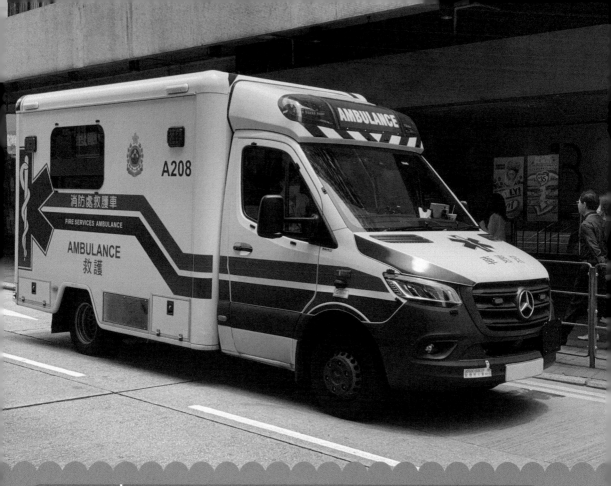

分類	陸上交通工具－公共服務車輛 
小知識	有些救護車車頭的「救護車」字樣是鏡像印製的，以便司機從倒後鏡看見字詞，了解有救護車駛近，及時讓路以便盡快送病人到醫院搶救。

郵政車
Postal Vehicle

　　要寄送或收取郵件，我們要依靠郵差派送，而郵差就要駕駛郵政車來運送大量的包裹與信件。

　　香港郵政局的車隊，共有三款車輛：第一種是郵政貨車，是最常見的一款郵政車，穿梭港九新界的郵件中心及郵政局，以支援郵件派遞服務。第二種是郵政電能小郵車，負責運送較少量的郵件。第三種是流動郵政車，共有三輛，行走新界及九龍較偏遠地區，因這些地方缺乏郵政局，故以此補足當地居民的需求。在流動郵政車可購買郵票、收寄郵件及繳費。

分類	陸上交通工具－公共服務車輛 
小知識	每輛流動郵政車逢星期一至五，每天行走不同路線，一天大約停泊 6 至 8 個地點。但每站只會停留 30 分鐘，所以有需要使用服務的人士，務必記清楚時間去找流動郵政車呢！

垃圾車
Rubbish Truck

　　我們每天扔掉的垃圾，經清潔工人收集到垃圾收集站，再由垃圾車運送到堆填區或焚化爐處理。

　　香港的垃圾車主要有兩種：壓縮垃圾車及抓斗車。抓斗車主要收集大型家具和建築廢料，工人操作車上的「抓」夾起大型垃圾，放在車斗中，再運走處理。壓縮垃圾車則是最常見的。工人把垃圾桶扣在垃圾車車尾，按下按鈕後，垃圾桶就會被舉起，把桶內垃圾倒入車中，同時有鐵板不斷擠壓，把垃圾推入車內。為了可以運送更多垃圾，垃圾車有裝置把車內的垃圾壓縮和混合。

分類	陸上交通工具－公共服務車輛 
小知識	我們都覺得垃圾車骯髒又會發出臭味，其實垃圾不一定是臭的！臭味是源自廚餘，只要我們做好垃圾分類，並事先處理好污水，就可以維護環境整潔。

掃街車
Street Sweeper

　　為維持街道潔淨及環境衛生，掃街車每天都會出動清掃道路。掃街車前方配備轉盤，清掃公共道路、天橋及道路中央分隔欄，只要司機在車內操作，車輛便可邊走邊收集沉積的砂礫。

　　另外還有洗街車，也是保持街道清潔的重要車輛。洗街車前方設有噴水裝置，可自動清洗街道。後方有大水箱，儲存洗街要用到的水；水箱後有捲起的長長水管，方便清潔工人用人手清洗街道。車上還配備高速清洗盤，節省人力，並可在短時間內清除頑固污垢。

分類	陸上交通工具－公共服務車輛 
小知識	除了沙塵，落葉也是清潔工人常常要清掃的垃圾。現時香港有引入吸葉清掃機，工人推着走在街上，邊走就可邊吸走地上的樹葉，比傳統用掃帚清潔更有效率！

粵　普

挖土機
Excavator

　　挖土機又稱為剷泥車、挖泥車，是工程車輛，主要用作挖掘泥土。它由旋轉平台、挖斗及機械手臂組成，有的是以車輪行走，有的則配以履帶，方便在崎嶇不平的地面行駛。

　　司機操控機械手臂，推動挖斗挖掘泥土，是整修道路及土地時不可或缺的工程車。機械手臂還可以配上不同的組件：有的挖斗是格子空心狀的，挖掘時就可以讓液體流出，多用於河堤水利工程；有的像夾子，方便夾取物件；有的像電鑽，可以打爛物品，也可鑽孔，常用於拆除工程或維修道路。

分類	陸上交通工具－工程車	
小知識	有時在清拆房屋的工程中，還會在挖土機的挖斗上掛上鐵球，擺動鐵球打到牆壁上，這樣可快捷地打爛房子呢！	

叉式起重車
Stacker

　　叉式起重車常見於工廠、倉庫、地盤等，可把整盤、整板貨物托起和移動，方便裝卸和儲存貨品。叉式起重車前方有一對可以升降的叉子，所以又稱之為鏟車。

　　為方便在狹窄的環境中移動工作，叉式起重車大部分都設計得十分輕巧，而且只可以容納司機一人。司機操控叉式起重車前的叉子，把貨物稍稍舉離地面就可以搬運到不同地方；又或升起叉子，把貨物舉高，堆疊儲存。這樣可大大減輕搬運工人的體力消耗，又可降低裝卸貨物的成本。

分類	陸上交通工具－工程車 
小知識	在香港，叉式起重車駕駛員必須年滿十八歲，並考試領取牌照。而每輛叉式起重車亦要登記及領牌，並備有第三者保險。

起重機
Crane

　　要把重物升起、放下或是移動，就要依靠起重機！起重機也有大大小小，各式各樣的類型。在建築工地上，最常見的是一台很高的起重機，又稱天秤，用來吊起非常重的建築材料和工具到建築物的高樓上，協助建造高樓大廈。

　　使用起重機前，人們必須先評估各種環境因素，例如使用的地點、地面情況、吊運物的重量、吊運高度及路徑等，以選擇合適的起重機。例如在地面移動，或近距離搬運一些小型物件時，工人通常都會用貨車式起重機。若是把物件吊到十樓以內的高度，則通常用上輪胎式起重機或履帶式起重機。

分類	陸上交通工具－工程車	
小知識	在香港，所有起重機必須裝有內置安全裝備，當操作員出錯時，安全裝備能自動運作，避免發生意外及損害機器。	

推土機
Bulldozer

　　推土機的前方裝有大型推土鏟，可以調整角度，做到推送、運載和移動泥土、碎石等工作。堆土機的工作能力強大，例如在修路工程中，推土機可鏟削泥土整理好基底，也可運送泥土填滿路基，還可以在路旁取土築成路堤。此外，推土機還可以堆積鬆散材料，及清除障礙物。

　　堆土機的輪胎多是履帶式的，因為更能抓緊地面，所以能走在崎嶇不平的泥地、沙地上。相比其他工程車輛，推土機的操作較靈活，可以很方便地轉動，行駛速度亦較快，加上用途多元化，所以很常見於工地。

分類	陸上交通工具－工程車 
小知識	履帶是推土機移動的關鍵零件，所以必須經常檢查，才可正常操作和保障安全。履帶太鬆或太緊，均會很快出現損耗，而且履帶太鬆更可能會鬆脫呢！

拖吊車
Tow Truck

當車輛無法正常行走，或違例停車時，拖吊車便會出動，把車子拖走。一旦車子在路上壞掉了，司機應亮起壞車警告燈，再把車子駛到路肩、避車處等安全位置後，才通知拖車公司前來拖車。

拖吊的方式有兩種，第一種是把車輛完全往上吊起，放在拖車車尾平板上再拖走，這多用在地台較低的車輛如跑車，或是因輪胎損毀等各種原因而不適合被拖行的車子。第二種較常見，只要用尾鏟把車輛的一對前輪或後輪升離地面，再繫穩及解除剎車制動器，就可把車子拖走。

分類	陸上交通工具－工程車 
小知識	在香港，拖吊車要掛上「拖車」標誌，標誌須為深色底，而英文字母及中文字則必須用白色，並至少高 150 毫米。

壓路機
Roller

　　壓路機配有巨大的滾輪，在鋪設道路、機場跑道、修築堤壩時都會用到，借着機器本身的重量來碾壓土壤、混凝土等，讓鋪設路面的物料變得密實而平滑，形成堅固的表面。

　　路面施工時，會先利用有凸點的壓路機整平土壤，然後便再用光面的壓路機把路面壓實，有時還會灑水來控制路面濕度，以達致最佳效果。在香港，壓路機亦可見用於垃圾堆填區，以協助壓實垃圾，減省空間。香港法例規定，工人必須通過測試才可操作壓路機，以確保安全。

分類	陸上交通工具－工程車 
小知識	壓路機未被發明之前，是借助馬拖拉着壓輪來碾壓道路或壓實大壩。直至 19 世紀中葉，人類才發明出以蒸氣推動的壓路機，並被廣泛應用。

混凝土攪拌車
Concrete Mixer Truck

　　混凝土攪拌車是建築工地常見的工程車，專門把預拌好的混凝土，運載到建築地盤建造房子。由於車上有個圓筒型的攪拌筒，外型似田螺，故又稱田螺車。

　　由於預拌好的混凝土，只要靜止不動便很容易凝固，所以在運輸過程中，車上的攪拌筒會不斷轉動，讓筒內的混凝土持續混合和攪拌。到達目的地後，只要控制攪拌筒反方向轉動，混凝土便會卸出。運送完畢後，工人會用水沖洗攪拌筒，清走殘餘的混凝土，以防這些混凝土硬化並佔用攪拌筒的空間，令可運載的混凝土越來越少。

分類	陸上交通工具－工程車	
小知識	由於混凝土攪拌車的車身較高和較長，司機即使看倒後鏡亦看不到整個路面情況，所以途人或單車使用者要尤其注意，不要走近車輛，以免發生危險。	

粵 普

傾倒車
Dump truck

　　傾倒車由駕駛室和後方的大車斗組成，可以運載大量沙石、泥土、建築材料等。由於常進出建築工地，車身又滿布泥土，所以又稱之為泥頭車。

　　在工地上，傾倒車常跟挖土機合作：挖土機挖掘泥石等，倒進傾倒車的車斗內；之後傾倒車就可把東西載到指定地點，由司機控制車斗向後傾翻，把車上的東西倒出。這樣，便可有效率地完成工地上的裝、卸工作。由於傾倒車運載的多是沙泥，所以一般都會以帆布覆蓋車斗，或為車輛裝上機動蓋掩，以免街上塵土飛揚。

分類	陸上交通工具－工程車	
小知識	為保障安全，傾倒車的機動蓋掩在開合時，都有蜂鳴器發出聲響，車頂的閃燈亦會閃動，以提示工人注意。	

海上交通工具
Water Transportation

　　除了陸上交通，人類早於古時已開始積極發明大大小小的海上交通工具，發掘海洋資源，以及探索海路交通，建設不同地方的交流。海上的交通工具，包括小型的船艇如帆船、獨木舟、快艇等，而大型的船隻有郵輪、渡輪，貨輪和漁船等工作船隻，各有不同的功能，讓人類可以輕鬆地穿梭渡海，為生活帶來方便。

郵輪
Cruise Ship

郵輪是一種大輪船，既是交通工具，亦提供住宿與餐飲服務。旅客乘搭郵輪前往旅遊，除了可到目的地觀光，還可以在船上住宿，並享用各式各樣的設施，是其中一種受歡迎的旅行模式。由於郵輪的速度不及飛機，一般都要花上幾天時間才可到達目的地，因此享用船上設施亦是旅程的一部分。

郵輪一般都十分龐大，設施通常有餐廳、游泳池、滑水道、健身室、電影院、劇場等等。到達目的地後，旅客可選擇落船觀光，晚上再回到船上休息，可說是較悠閒的旅遊方式。

分類	海上交通工具	
小知識	從前這種大輪船主要是用作運輸郵件及貨物，因此名為「郵輪」。但航空運輸現已普及，而且船運較慢，因此大輪船已很少用作運貨，反以旅遊觀光為主，所以又有人稱之為「遊輪」。	

帆船
Sailboat

　　帆船利用風力在水上航行。船尾設有船舵，只要移動它就可控制航行方向；同時帆面可能會被風向影響而轉向，這時船上的人要小心避開帆桿。從前的帆船只能利用順風航行，這局限了航海的路線與時間。但隨着科技進步，人們改變了帆的形式，讓帆船不再只是受風力推行前進，發展至今帆船已經能夠在任何風向下都能航行。

　　掌控帆船以技巧為主、體能為輔，是奧運比賽項目之一。奧運帆船比賽每個級別要進行十一輪比賽，每一輪按名次得分，按總得分而分出冠、亞、季軍。

分類	海上交通工具

小知識	對於帆船初學者來說，小帆船是簡單和相對較易接觸的入門船種，而且帆船的基本知識，都可以通過駕駛小帆船學習得到呢！而樂天級小帆船更是針對十五歲以下兒童設計的！

粵 普

快艇
Speedboat

　　快艇的船尾處安裝了馬達，只要注入燃油就可以行駛，速度極高，最高時速可達 30 海里以上，而且相對容易操控。

　　由於快艇移動靈活，很常用於輔助水上活動，如滑水、香蕉船等。亦有人會利用快艇接載往來離島，在島上享受水上活動或露營。甚至有人會駕駛快艇在海上馳騁遊覽，旨在自由自在享受海上風光。在香港，要駕駛快艇，先要考取「二級遊樂船隻操作人合格證明書」。只要年滿十八歲，並通過海事處的視力測驗，就可報考。

分類	海上交通工具 
小知識	考取「二級遊樂船隻操作人合格證明書」後，不但可駕駛快艇，還可以駕駛水上電單車、遊艇、遊樂船等，享受更多水上活動的樂趣。

粵　普

渡輪
Ferry

　　渡輪是連接城市中兩邊海岸的交通工具，除了載客，有些亦會載貨物甚至汽車。相比建造橋樑或隧道，以渡輪連接兩岸成本較低，但卻容易受天氣影響而停航。

　　在香港，最有名的渡輪要數天星小輪，歷史悠久，兩條航線分別由中環或灣仔來往尖沙嘴，收費便宜。要乘搭天星小輪，先要前往中環、灣仔或尖沙嘴天星碼頭。乘客以現金或八達通繳費後就可入閘等候上船渡海了。在小輪上，乘客可以在旅程中飽覽維多利亞港兩岸的美麗風光，因此也吸引許多旅客乘坐觀光呢。

estherpoon/shutterstock.com

分類	海上交通工具

| 小知識 | 天星小輪現時行駛的船隻都是在香港製造的，年紀最大的一艘建造於 1958 年，而年紀最輕的則建造於 1989 年，全部都頗具歷史呢！除了天星小輪，香港還有其他渡輪營辦商為市民提供其他來往離島以及港內線渡輪服務。 |

獨木舟
Kayak

　　顧名思義，獨木舟是以「獨木」、即把一根大樹幹挖空而成的泊舟，並依靠人們划槳來推動。現今的獨木舟多是較輕的纖維艇，獨木舟除了是一種海上交通工具，也普及發展成為了一種水上活動。

　　人們只需穿上救生衣，坐在座位上划動獨木舟的槳，就可以輕易在水上穿梭。現時常見的獨木舟艇倉一般是閉合式的，配以雙槳葉的槳，分為雙人及單人；還有一種稱為加式獨木舟，它的槳則是單槳葉的，設有開放式艇倉，使用者可以坐着或以單腳跪着划行。

分類	海上交通工具 
小知識	划獨木舟其中一個常見的小意外，是使用者在登島上岸時忘記把獨木舟搬上岸或綁緊於某個位置，以致獨木舟被海浪沖走！

風帆
The Sail

　　風帆由板和帆兩部分組成。初級的風帆，在板底會配備尾鰭用來穩定航向，板底中央亦會有定水板，增加側面阻力，令風帆更易行駛。

　　帆由一條直的桅桿支撐，而橫的帆桿則是讓駕駛者用來控制風帆的角度，帆與板由一個萬向接頭連接起來。駕駛者站在帆板上，通過控制帆的角度而令風帆行駛。只要將帆撥向板尾，這樣板頭會慢慢轉向風；將帆撥向板頭，板頭就會指離風。風帆不可以直線向風行駛，而是要以「之」字形路線向風行駛，這樣才可以保持風帆持續前進。

分類	海上交通工具	
小知識	香港運動員李麗珊於 1996 年亞特蘭大奧運會女子滑浪風帆比賽中，為香港奪得史上首面奧運金牌。	

氣墊船
Hovercraft

　　氣墊船又稱飛翔船，是利用空氣承托着船底的高速船隻。

　　氣墊船的四周圍着一幅圍裙，通過風機把空氣注入船底，這層空氣會把船隻抬升離開水面，這就是氣墊。這時再以螺旋槳或噴氣的方式推動，氣墊船就可以在海面行駛了！因為氣墊船的船身以氣墊承托、離開水面了，所以船隻不太受水的阻力而影響，因此速度亦較快。但缺點是會受波浪干擾，在海浪中行駛時要減慢速度，而且這時船身會頗為顛簸，乘客很容易不適嘔吐。

分類	海上交通工具 
小知識	在上世紀八十年代，香港海面曾頻繁出現氣墊船！當年新市鎮來往市區的交通工具有限，所以油蔴地小輪購入多艘氣墊船，行駛屯門來往中環，及長洲、索罟灣、蒲台島、尖東等航線，直至 1999 年全部停駛並退役。

粵 普

遊艇
Yacht

　　想悠閒出海玩樂，享受寧靜的海上風光，遊艇是個不錯的選擇！想玩樂、曬太陽的，可走到甲板上；想休息一下，又可走入船倉內，因為遊艇都設有睡房。船倉內還有廚房、客廳、洗手間等，滿足食、住需求，即使在一望無際的海上，都可以自給自足。

　　很多人乘遊艇出海，亦為了在海中央進行水上活動，如滑水、滑浪、香蕉船、獨木舟等。遊艇通常停泊在私人遊艇會，因為停泊費、船長費等維修保養的固定開銷不少，所以常常被視為奢侈的消閒品。

分類	海上交通工具 
小知識	香港不少地區都設有遊艇會，供遊艇停泊，主要分布於港島南區、西貢、大嶼山、愉景灣和黃金海岸。

貨輪
Freighter

　　運送大批貨物時，船運較空運便宜，所以至今貨輪仍相當活躍於海面。貨櫃船是最常見的一種貨輪。各式各樣的貨物先放入貨櫃內，在貨櫃碼頭以起重機放上貨櫃船上，這樣比起把貨物一件件搬運到船上，效率提升了，也更安全。

　　現時最大的貨櫃船可運載近二萬個貨櫃呢！而專門運載液體的稱為液貨船，船上設有液槽裝載液體，主要用來運輸燃油、化學品、液化天然氣等。還有一種稱為散貨船，船上設有巨大的倉庫儲存貨物，常用來運輸穀物、煤、水泥等。

分類	海上交通工具	
小知識	在香港，專門讓貨輪停泊的碼頭有兩個，分別是葵青貨櫃碼頭和位於屯門望后石的內河貨運碼頭。	

漁船
Fishing Boat

　　漁船是漁民出海捕魚所用的交通工具。漁民想去越遠的海洋捕魚，所用的漁船越大，稱為遠洋漁船。遠洋漁船會到世界各地販賣漁獲，亦會停靠不同國家的港口補給及維修船隻。

　　若漁民只是在離岸不遠的地方捕魚，多只會用中、小型的漁船，尤以拖網漁船最常見。這種漁船拖曳着一個鋼鐵製成的框架，並連着一個拖網，這樣就可以撈取扇貝、蜆等蛤殼類海鮮。在香港，更有一種稱為「雙拖漁船」，即是兩艘漁船合力拖曳一張漁網，撈捕黃花魚、帶魚、魷魚等。

分類	海上交通工具 
小知識	在香港，如想看到漁船，可到各個避風塘，例如香港仔或筲箕灣，因為漁船大多停泊在這裏。

粵 普

潛水艇
Submarine

　　潛水艇是可於水底下行駛的船隻。有些潛水艇很小，只能容納一、兩人操作，亦只可潛行數小時；也有大型的潛水艇，可載數百人並連續潛行幾個月的！潛水艇可潛於水底，是因為它可隨時調節重量，重於水的浮力。

　　當潛水艇要下沉時，沉浮箱會打開並注水，這樣潛水艇就會變重而下沉；相反要上浮時，就會再次打開沉浮箱排水，這樣潛水艇就會變輕而浮力增加並上升。如果想體驗乘搭潛水艇，現時在一些臨海的旅遊景點會有觀光用的潛水艇，讓人潛入海中觀賞美麗的海底世界。

分類	海上交通工具	
小知識	大部分人對潛水艇的認識，都是把它歸類到軍事用途，但其實潛水艇最早是用於科學研究，是為了探索海洋世界的奧妙而發明的！	

空中交通工具
Air Transportation

人類自古已有在天空中飛行的夢想，渴望如小鳥般遨遊天際。經過多年努力，終於研究出不同的飛行方法：參考小鳥的身體結構，配合氣流、風向等環境因素，加上機械的發展，終成就了飛機的出現。還有，通過調節溫度、加熱而產生浮力，讓熱氣球帶着吊籃讓人升到半空。而最自由的飛翔方式可說是滑翔傘，讓人真正體驗到如小鳥般飛行！

粤 普

直升機
Helicopter

　　直升機依靠機頂上的螺旋槳轉動而產生動力飛起來，所以它可以垂直起飛與降落。還可以懸停，即是停留在空中暫時不動！直升機的優點在於較靈活，可隨意向前、向後或側向飛行，這樣即使在狹窄、崎嶇或沒有跑道的地方都難不倒它。但相對的，直升機的飛行速度較慢、載重較少，而且不可以長途飛行。

　　由於直升機較靈活，所以會用於救護、救災、採訪，也有載人觀光的用途。而加上裝甲和武器後，直升機也具備軍事用途，可以用以攻擊、偵察或運輸。

分類	空中交通工具
小知識	每年八月第三個星期日，被列為「世界直升機日」，過往香港飛行總會曾經舉辦展覽，公開展示直升機並讓市民登入機艙參觀，學習航空知識。

飛機
Airplane

　　飛機多有長而薄的機身，兩側有機翼，形狀像小鳥的翅膀。機身下方有起落架，即是輪子，讓飛機在地面上保持平衡並可移動。

　　飛機的外型、設計都是人類多年來智慧的累積，目標是讓飛機可越飛越高、越遠。大多數飛機由飛機師駕駛，雖然飛行至一定高度並穩定後可改由電腦操控；但遇上突發情況，以及起飛與降落時，都要由飛機師操控飛機。亦有部分飛機如無人機，可由遠端或電腦全盤控制。由於飛機較快捷和方便，現時已廣泛應用在載人與載貨上。

分類	空中交通工具
小知識	萊特兄弟於 1903 年發明了世界上第一架飛機,雖然試飛時只維持了 12 秒、航行了 37 米,但已被公認為史上第一架可控制、比空氣重且配有動力裝置的飛機。

熱氣球
Hot Air Balloon

通過控制熱氣球上的加熱器，令氣球內的溫度變高，這樣就會產生浮力，讓熱氣球向上飛行；而要讓熱氣球降落，則是控制加熱器讓氣球內的溫度下降，當浮力漸漸減少，熱氣球就會向下降落。熱氣球多用在觀光用途，載人到高空欣賞風景。也可運載觀測儀器，有助研究高空環境。

要讓熱氣球安全升空，天氣是其中一個關鍵原因，大風、大雨、打雷、能見度低都不能飛行！而乘搭者亦不應碰觸熱氣球的設備，並遵守熱氣球操作人員的指示，以保障安全。

分類	空中交通工具
小知識	除了一般圓圓造型的熱氣球，現時還有一些專門用來觀賞的造型熱氣球，設計成卡通人物、動物等外型，在日本的熱氣球節都可看到！

滑翔傘
Paraglider

　　滑翔傘飛行員坐在吊袋內，背着救生傘，通過雙腳控制滑翔傘升降，並用雙手操控吊掛着的傘翼裝備，就可以讓自己飛上天空！

　　飛行員通常會選擇在山坡起飛，當控制傘翼充氣後，就會跑起來加速，讓滑翔傘將人帶離地面。飛到空中後，飛行員通過操控兩手的手柄，就可轉彎。若要再爬升，飛行員就要控制滑翔傘順着氣流飛行。如遇到緊急情況，如傘翼無法充氣、失控或天氣變差，飛行員可打開救生傘降落，以保障自身安全。

分類	空中交通工具 
小知識	要體驗在空中自由飛翔，滑翔傘是較輕便也較便宜的選擇，但這不代表危險性會較低！初學滑翔傘，應由教練指導並陪同飛行，但亦要培養個人判斷力，以降低發生意外的機會。

新雅小百科系列
交通工具

編　　寫：新雅編輯室
責任編輯：胡頌茵
美術設計：許鍩琳
出　　版：新雅文化事業有限公司
　　　　　香港英皇道 499 號北角工業大廈 18 樓
　　　　　電話：(852) 2138 7998
　　　　　傳真：(852) 2597 4003
　　　　　網址：http://www.sunya.com.hk
　　　　　電郵：marketing@sunya.com.hk
發　　行：香港聯合書刊物流有限公司
　　　　　香港荃灣德士古道 220-248 號荃灣工業中心 16 樓
　　　　　電話：(852) 2150 2100
　　　　　傳真：(852) 2407 3062
　　　　　電郵：info@suplogistics.com.hk
印　　刷：中華商務彩色印刷有限公司
　　　　　香港新界大埔汀麗路 36 號
版　　次：二〇二三年七月初版

ISBN: 978-962-08-8198-5
© 2023 Sun Ya Publications (HK) Ltd.
18/F, North Point Industrial Building,499 King's Road, Hong Kong.
Published in Hong Kong SAR, China
Printed in China

鳴謝：
本書部分相片來自 Pixabay (https://pixabay.com)
本書照片由 Shutterstock 授權許可使用。